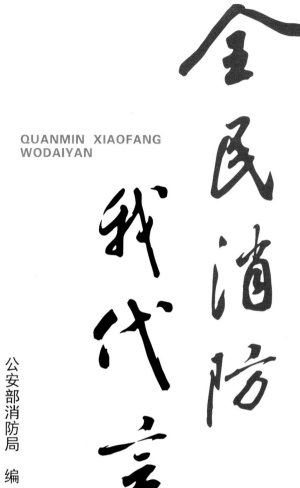

QUANMIN XIAOFANG
WODAIYAN

全民消防我代言

公安部消防局 编

人民出版社

消防安全需要全民参与

11月9日，为我国消防日。今年消防日的主题是"关注消防，平安你我"，旨在牢牢抓住火灾防控工作中"人"这一根本因素，发动全社会关注消防安全，学习消防知识，参与消防工作。

消防安全涉及千家万户，事关人民群众生命财产安全。党中央、国务院高度重视包括消防在内的公共安全工作。习近平总书记指出："要把公共安全教育纳入国民教育和精神文明建设体系，加强安全公益宣传，动员全社会的力量来维护公共安全。"在党的十九大报告中，习近平总书记强调："树立安全发展理念，弘扬生命至上、安全第一的思想，健全公共安全体系，完善安全生产责任制，坚决遏制重特大安全事故，提升防灾减灾救灾能力。"为认真学习贯彻总书记重要指示精神，按照公安部党委对消防工作的部署要求，今年"119"消防日前夕，公安部消防局动员各地，邀请具有高度责任感和广泛影响力的公众人物，以及有普遍代表性的社会各界人士，在全国范围内组织开展为期一个月的"全民消防我代言"大型公益行动，进一步推动强化消防安全主体责任，提升全民消防安全素质。

这一公益行动，受到社会各界的热烈响应。来自全国各条战线、各个行业的上百万代表主动参与，围绕"关注消防，平安你我"这一主题，采用鲜活生动的消防宣传语，为消防安全工作鼓与呼。他们中，有各条战线的劳动模范，有声望卓著的科学家，有德艺双馨的艺术家，有责任担当的企业家，更多的是热心公益、关注消防的社会各界群众代表，他们主动作为，以这次大型公益行动为平台，向社会公众传递着消防安全理念，彰显了人民群众维护公共安全的主体效应。

从群众中来，到群众中去，是我党的群众路线的领导方法和工作方法，也是我们开展消防工作的根本遵循。长期的实践证明，只有充分发挥人民群众的主体作用和参与热情，消防宣传工作才更富有生命力和活力，消防意识才会入脑入心，自觉养成安全行为习惯。新的形势下，消防社会化宣传的渠道途径有很多，但万变不离其宗，最根本、最关键、最牢靠的办法是扎根人民、贴近生活、引发共鸣。人民群众是消防宣传的源头活水，群众的话好听、好懂、好记，只有学会说群众的话，才能与群众亲近贴心，真正融入群众，做到有效传播。这次消防宣传大型公益行动之所以成功，就在于接地气，善于运用朴实鲜活的群众语言，让务实管用的消防安全知识，紧贴各类代言人的身份和职业特点，说出来、传开去、用得上。可以说，这是党的群众路线在消防工作的生动具体实践，使得消防宣传活动更具有生命力和影响力。

　　当前，全党全军全国各条战线正掀起学习贯彻党的十九大精神的热潮，公安消防部队全体官兵要迅速行动起来，把推动消防事业全面融入学习宣传贯彻党的十九大主旋律，深入贯彻、忠实践行习近平总书记提出的对党忠诚、服务人民、执法公正、纪律严明的"四句话、十六字"总要求，巩固深化动员全社会来维护公共安全的成功经验，创新消防工作的方式方法，强化消防安全理念根植，努力做到人人受到宣传教育、人人掌握消防知识、人人学会逃生自救，在全社会形成浓厚的消防安全氛围。

　　为集中保存可持续的优质消防宣传文化资源，本书编写组从全国参与此次公益行动百万代言人中，遴选了365名优秀代表，汇编成精美的画册，与您亲切地说消防、话安全、谈责任、勉落实，此举可喜可贺。藉本书付梓之际，也呼吁社会各界和广大人民群众进一步关注消防、参与消防，共同营造更加良好的消防安全环境。

　　是为序。

公安部消防局局长

2017 年 11 月 9 日

目录 CONTENTS

大安消防所：全国 119 消防奖先进集体，广西平南县大安镇始建于 1836 年的民间消防组织。

永远消灾有备，安然防患无忧。

—— 大安消防所

才旦卓玛：女高音歌唱家，中国音乐家协会副主席，消防宣传公益使者。

洁白的哈达，美好的祝福。

—— 才旦卓玛

丁建华：语言表演艺术家，上海电影译制厂有限责任公司配音演员、导演，消防宣传公益使者。

译制的语言再美，抵不过平安的呼唤。

—— 丁建华

于井双：吉林省总工会"工人先锋号"荣誉获得者，吉林省松原石油化工股份有限公司二车间设备技术员，消防宣传公益使者。

岗位消防安全，每日牢记心间。

—— 于井双

土登：83 岁，藏族，曲艺表演艺术家，西藏自治区曲艺家协会名誉主席，中国曲艺牡丹奖终身成就奖获得者，消防宣传公益使者。

泡沫冒处，必有深滩；要保平安，先除隐患。

—— 土登

于兰：京剧表演艺术家，梅花奖获得者，国家一级演员，消防宣传公益使者。

脸谱万千，角色多变，但生命只有一次。

——于兰

才层玛：蒙古族，全国劳动模范，青海省德令哈市牧人福利有限公司总经理。全国双学双比先进女能手、第七届全国十大杰出青年农民。

河水流得快，因为有岸的约束；
生产求效益，必须有安全保证。

—— 才层玛

马成：回族，新疆维吾尔自治区高级民间艺术师，新疆花儿代表性传承人，西部十二省民歌（花儿）邀请赛金奖获得者，新疆昌吉二六工镇文化干事，消防宣传公益使者。

福和祸是同胞弟兄。用好火，不让福变成祸。

马友德：吉林省参业协会人参专家，高级农艺师，抚松县参王植保有限责任公司总经理，消防宣传公益使者。

防护参乡国泰民安，消除隐患防患未然。

——马友德

马向华：65 岁，回族，宁夏回族自治区吴忠市拥军妈妈，消防宣传公益使者。

家中常备灭火器，一拔二按三瞄准。

—— 马向华

马如超：宝钢股份炼铁厂高炉分厂四高炉二喷作业区员工，优秀的年轻"钢铁人"，消防宣传公益使者。

用百炼成钢的精神，筑牢安全生产的底线。

—— 马如超

马绍堂：中国书法家协会理事，河南省南阳中国画院副院长，消防宣传公益使者。

我为消防泼墨挥毫，消防为百姓守护平安。

—— 马绍堂

王芳：国家级非物质文化遗产项目（昆剧）代表性传承人，全国三八红旗手，江苏省苏州昆剧院名誉院长，消防宣传公益使者。

吴侬软语婉唱腔，劝君除患安一方。

—— 王芳

王茜：演员、编剧、制片人，消防宣传公益使者。

过日子，就图个平平安安。

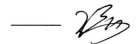

王雷：国家一级演员，消防宣传公益使者。

在平凡的世界里，珍爱生命，活出不平凡的人生。

—— 王雷

王一迪：顺丰速运有限公司深圳市华强分部收派员，消防宣传公益使者。

快递，传播平安的力量。

—— 王一迪

王月华：全国三八红旗手，全国优秀社区消防宣传大使，四川省巴中市南江县南江镇南磷路社区党支部书记，消防宣传公益使者。

你对火患不留心，火灾对你不留情。

—— 胡月华

王东元：70 岁，江苏省民间工艺美术家，东台市民间文艺家协会副主席，消防宣传公益使者。

福，源自平安。

王东升：河北省张家口市蓝天救援队队长，国网冀北张家口供电公司输电运检室职工，消防宣传公益使者。

强化避险意识，关键时就能化险为夷。

—— 王东升

王立彬：中国篮球协会副主席，陕西省篮球协会主席，曾被誉为亚洲第一中锋，消防宣传公益使者。

平安，是永不落幕的赛场。

—— 王立彬

王立群：文化学者，河南大学文学院教授，消防宣传公益使者。

知识改变命运，平安护佑人生。

—— 王立群

王兰花：回族，全国道德模范，全国三八红旗手，全国优秀社区工作者，宁夏回族自治区吴忠市王兰花热心小组慈善协会会长，消防宣传公益使者。

在外的人出行要谨慎，在家的人防火要留心。

——王兰花

王永训：国际风筝工艺大师，非物质文化遗产项目代表性传承人，山东潍坊天成飞鸢风筝有限公司董事长，消防宣传公益使者。

风筝靠线来放飞，生命靠平安来护佑。

—— 王永训

王永刚：辽宁省本溪市同泽保安服务有限公司总经理。组建本溪市消防老战友志愿者服务队，获评全国热心消防公益事业先进集体。消防宣传公益使者。

用我的一丝不苟，护卫您的四季平安。

—— 王永刚

王成金：重庆邱少云烈士纪念馆馆长，消防宣传公益使者。

消除火灾隐患，书写平安人生。

—— 王成金

王连凤：江苏省高级工艺美术师，东台小楼发秀艺术馆技术总监，消防宣传公益使者。

"发"自匠心，"绣"出安康。

—— 王连凤

王金花：黎族，全国模范教师，全国民族团结进步模范个人，全国三八红旗手，海南省儋州市兰洋镇番打小学教师，消防宣传公益使者。

消防知识就像种子，让孩子从小在心中生根发芽。

——王金花

王学丽：全国社区消防宣传大使，全国 119 消防奖先进个人。湖北武汉市武昌区水果湖街东亭社区主任。

家庭防火注意啥？煤气电源勤检查。

—— 王学丽

王修富：青海省西宁市万达广场微型消防站站长，消防宣传公益使者。

微型消防站，灭早灭小灭初期。

—— 王修富

王素花：82岁，中国工艺美术大师，中国刺绣艺术大师，国家级非物质文化遗产代表性传承人，消防宣传公益使者。

用"绣花功夫"消除火灾隐患。

—— 王素花

扎扎朵组合（王琴、陈海英、廖亚萍、向华）：土家族，被誉为湖南"土家族最美和声"，消防宣传公益使者。

消防常识进万家，共唱和谐新乐章。

—— 王琴 陈海英 廖亚萍 向华

扎西顿珠：藏族，西藏话剧团国家一级演员，梅花奖获得者， 消防宣传公益使者。

洪水没来先筑堤，火灾隐患要警惕。

——  扎西顿珠

尤良英：全国五一劳动奖章、全国三八红旗手、全国五一巾帼标兵等荣誉获得者，新疆生产建设兵团第一师阿拉尔市十三团十一连职工，消防宣传公益使者。

民族团结一家亲，防火除患享安宁。

—— 尤良英

尤雁子：侗族，贵州籍歌手，联合国绿色环保歌唱使者，中国水族文化旅游形象大使，消防宣传公益使者。

梦回古寨乡音绕，防火知识心记牢。

——

戈天俊：82 岁，抗美援朝老兵，贵州省遵义市退休干部，消防宣传公益使者。

和平年代，消防员天天在战斗。

—— 戈天俊

水族女子消防队：驻贵州省黔南州三都水族自治县三合镇姑挂村，全国 119 消防奖获奖集体。

谁说女子不如男，防火灭火同争先。

水族女子消防队

毛金月：96 岁，江西省景德镇市"妈妈防火团"第一代成员，消防宣传公益使者。

小铜锣，敲出大平安。

—— 毛金月

毛园园：雅迪电动车江苏如皋维修站 6S 服务中心站长，消防宣传公益使者。

安全使用电动车，记住充电不超过 8 小时。

—— 毛园园

卞光烈：湖北神农架林区松柏镇八角庙村生态护林队长，消防宣传公益使者。

人人参与森林防火，绿水青山惠及你我。

—— 卞光烈

卞雪松、谢萍夫妇：全国文明家庭荣誉获得者，创建湖北荆门市圆梦帮扶会，消防宣传公益使者。

安全用火用气，全家老少平安。

—— 卞雪松 谢萍

尹晓伟：云南省楚雄州禄丰县金山小学教师，消防宣传公益使者。

三尺讲台，平安课堂。

—— 尹晓伟

孔庆灿：68岁，全国劳动模范，山东省曲阜市董庄乡屈家村党支部书记、村委会主任，消防宣传公益使者。

火患就如虫害，放任就成灾害。

—— 孔庆灿

孔春生：中国工艺美术大师，非物质文化遗产钧瓷技艺传承人，河南省禹州钧瓷文化博物馆馆长，消防宣传公益使者。

窑变，变变变，安全不能变。

—— 孔春生

巴桑：藏族，西藏岗巴县岗巴镇吉汝村党支部副书记，消防宣传公益使者。

常说口里顺，常做手不笨。
用火用电要安全，检查一遍再出门。

—— ཕ་ལ་ 巴 桑

邓发鼎：73岁，湖北省十堰市房县门古镇红星村农民，房县诗经文化传承人，消防宣传公益使者。

安全须养成，麻痹易生灾。

—— 邓发鼎

邓家琪：江西省吉水中学高三学生，曾获世界华人学生作文大赛二等奖、第七届"飞天杯"全国青少年儿童摄影美术展览展示活动美术作品儿童组金奖，消防宣传公益使者。

书山有高峰，平安无捷径。

—— 邓家琪

艾尼瓦尔·芒素：维吾尔族，入选"中国网事 感动 2012"年度十大人物，全国民族团结进步先进个人，消防宣传公益使者。

看不起的木桩，会把你绊倒；看不见的隐患，会引发灾难。

—— *Minsrmangsuy*

石光银：陕西榆林人，全国劳动模范，全国治沙英雄，全国十大扶贫状元，获联合国粮农组织授予的世界林农杰出奖，消防宣传公益使者。

沙林生长要靠水，防火安全要用心。

—— 石光银

石濡菲（左）：全国五一劳动奖章获得者，非物质文化遗产六堡茶制作技艺第五代传承人，广西壮族自治区濡菲六堡茶业有限公司董事长，消防宣传公益使者。

清茶能败火，小心守平安。

—— 石濡菲

龙四清：侗族，全国劳动模范，全国三八红旗手，湖南省芷江侗族自治县禾梨坳乡古冲村党支部书记，消防宣传公益使者。

绝不让火灾拖累扶贫的脚步。

—— 龙四清

龙立萍：纳西族，云南省丽江市华坪女子高级中学音乐教师，消防宣传公益使者。

生命安全教育，应当从孩子抓起。

—— 龙立萍

51

龙福新：苗族，芦笙手，贵州省凯里市舟溪人，消防宣传公益使者。

除去火患人心安，芦笙声中醉苗乡。

—— 龙福新

龙州天琴女子弹唱组合：壮族，全国西部花儿歌会金奖得者，第十四届非物质文化遗产民歌大赛三等奖获得者，消防宣传公益使者。

天琴悠悠传古韵，消防情系你我他。

———— 龙州天琴女子弹唱组合

Lungzcouhdingzding imbehmbwkdanzcieng gcuihab

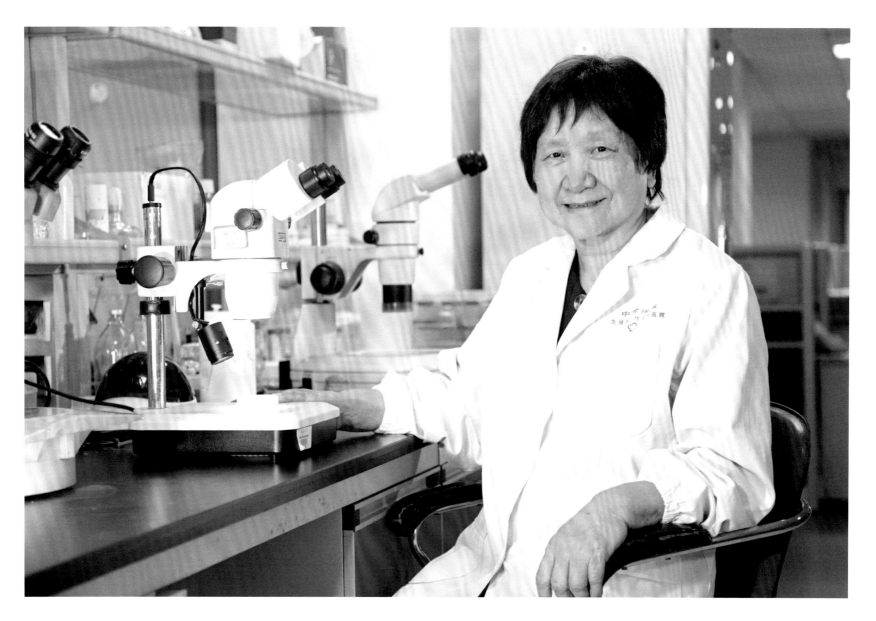

卢光琇：78岁，被誉为"试管婴儿之母"，人类干细胞国家工程研究中心主任、中南大学生殖与干细胞工程研究所所长，获全国五一劳动奖章、全国三八红旗手等荣誉，消防宣传公益使者。

每个生命的创造都是奇迹，需要我们用心呵护。

—— 卢光琇

电焊工（韩成文、王凯、郭锡祝、律宏伟）：黑龙江省哈尔滨市王府井百货工程部电焊工，消防宣传公益使者。

雪怕太阳草怕霜，用火就怕违规章。

—— 韩成文 王凯 郭鹏祝 律宏伟

田工：70 岁，全国优秀共产党员，全国优秀志愿者，湖南省常德市武陵区府坪街道体育东路社区志愿者，消防宣传公益使者。

幸福美满好家庭，一场大火归于零。

—— 田工

白云飞：陕北说书艺人，非物质文化遗产传承人，消防宣传公益使者。

列位看官仔细听，预防火灾要用心。

—— 白云飞

白冬菊：66 岁，山东省单县志愿者联合会副会长，北城民间艺术团团长，消防宣传公益使者。

隐患无处藏，邻里共守望。

—— 白冬菊

冯丽：天津市南开区万兴街道华章里社区居委会主任，华章里社区微型消防站站长，消防宣传公益使者。

学会使用消防器材，保护家人生命安全。

—— 冯丽

冯来锁：内蒙古乌兰察布市民族艺术剧院副院长，国家级非物质文化遗产项目（东路二人台）代表性传承人、国家一级演员，消防宣传公益使者。

平安，可不是演戏。

—— 冯来锁

兰佳琦：7 岁，北京市海淀区双榆树第一小学学生，消防宣传公益小天使。

老师教的消防知识，我要给爸爸妈妈爷爷奶奶说。

—— 兰佳琦

邢粮：江苏省工艺美术大师，国家级非物质文化遗产（常州梳篦）第九代传承人，消防宣传公益使者。

"梳"理火患，"头"等大事。

—— 邢粮

吉思妞：粟僳族，全国最美乡村教师，云南省怒江州特殊教育学校副校长，消防宣传公益使者。

教育每个孩子，消防安全无小事。

—— 吉 思 妞
宗棠话: Ji si nio

老兵消防救援队：2013 年，云南省丽江市古城区老兵消防救援队由章黎铭自筹资金组建成立，现有队员 16 名，曾荣获全国 119 消防奖先进集体。

老兵不褪色，守护平安续传奇。

—— 老兵消防救援队

巩佳妮：9 岁，甘肃省天水市实验小学学生，消防宣传公益小天使。

从小知消防，平安伴成长。

—— 巩佳妮

亚森·麦麦提明：维吾尔族，库尔班大叔之孙，曾获全国 119 热心消防事业先进个人，消防宣传公益使者。

好瓜结在长蔓上，平安结在小心上。

ياسىن ماماتىمىن

达瓦占堆：藏族，西藏日喀则市江孜县江孜镇宗堆居委会副书记兼主任，优秀社区消防宣传大使。

未骑马前先查马鞭，家里家外勤查隐患。

—— 达瓦占堆

吕敏：湖南省株洲市芦淞区教育幼稚园年级组长，全国消防安全知识优秀示范课件获得者，消防宣传公益使者。

少年儿童朵朵花，消防教育早早抓。

——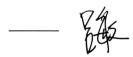

吕东升：全国五一劳动奖章获得者，北京市百货大楼销售部经理，消防宣传公益使者。

商品有价，平安无价。

—— 吕东升

吕星辰：演员，消防宣传公益使者。

平安，是每个人一生的角色。

——

朱劲松：腾讯控股有限公司安全管理部总经理，CCTV 年度法治人物，消防宣传公益使者。

登录消防，删除火灾，下载平安，升级快乐。

—— 朱劲松

朱国强：湖南民间艺术家，皮影戏传人，消防宣传公益使者。

天天宣传天天安，日日防火日日宁。

——朱国强

任靓：国家电网山西晋城供电公司输电线路运检工，消防宣传公益使者。

消防、供电两手抓，安全保障千万家。

—— 任靓

任建：湖南省长沙市望城区靖港镇专职消防队队长，消防宣传公益使者。

绳子断在细处，火灾酿在疏忽。

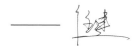

任羊成：红旗渠建设者，红旗渠建设模范和特等模范，原红旗渠工地除险队队长，被誉为"飞虎神鹰"，消防宣传公益使者。

劈开太行斗天险，平安生活要珍惜。

—— 任羊成

任健康：重庆剪爱工艺品公司艺术总监，作品获第七届中国国际工艺品金奖，消防宣传公益使者。

十年磨一"剪"，平安传千载。

——任健康

任惠霞：组建洛阳市第一个"妈妈防火团"，全国 119 消防奖获得者。

妈妈的叮嘱，只为你平平安安。

—— 任惠霞

华少：浙江卫视主持人，主持《中国好声音》等知名节目，浙江消防宣传大使。

平安幸福，是中国最好的声音。

向孜：土家族，湖南省怀化市溆浦县第一中学音乐老师，获全国青少年艺术展演金奖，消防宣传公益使者。

守护孩子们的最好方式，就是授予他们平安之渔。

—— 向孜

会泽七子（陈仕华、程谨、蒋正阳、刘顺跃、刘玉良、幸金正、周凤慧）：云南省曲靖市会泽县纸厂乡龙家村小学 7 名 80 后教师，全国最美乡村教师获奖集体，消防宣传公益使者。

教会孩子平安成长，才是教师最美的荣誉。

—— 陈仕华　程谨　蒋正阳　刘顺跃
刘玉良　幸金正　周凤慧

多吉次仁：69岁，藏族，西藏大学艺术学院教授，男高音歌唱家，消防宣传公益使者。

要向别人传道，先得自己懂经。

—— 多吉次仁

刘芸：九江日报社新媒体中心记者，全国"好记者讲好故事"荣誉获得者，消防宣传公益使者。

平安，是你永远的头条。

—— 刘芸

刘杨：湖北省宜昌市西陵区环城北路社区网格员，消防宣传公益使者。

平安社区有网格，消防安全有保障。

—— 刘杨

刘虹：国家田径队运动员，荣获里约奥运会竞走冠军（2016）世界锦标赛冠军、并破世界纪录（2015），消防宣传公益使者。

为国争光分秒必争，居家安全谨小慎微。

——

刘文新：山东德州扒鸡股份有限公司生产总监，非物质文化遗产德州扒鸡制作技艺的第十代传承人，消防宣传公益使者。

美食回味悠长，安全勿怠勿忘。

—— 刘文新

刘占武：河南省洛阳隆惠石化工程有限公司电焊技师，消防宣传公益使者。

持证上岗，安全保障。

—— 刘占武

刘光会：广东省管乐协会副主席，国家一级演奏员，消防宣传公益使者。

平安是全社会的交响乐，每个人都是演奏者。

—— 刘光会

刘会珍：白族，全国劳动模范，云南纺织（集团）股份公司纺织厂三分厂布机挡车工，消防宣传公益使者。

春夏秋冬，防在心中。

—— 刘会珍

刘志堂：全国劳动模范，全国五一劳动奖章获得者，湖南省第四工程有限公司钢筋班班长，消防宣传公益使者。

发现隐患，立即报告，迅速整改，远离灾祸。

—— 刘志堂

刘和刚：国家一级演员，男高音歌唱家，哈尔滨音乐学院民族声乐系主任，消防宣传公益使者。

守护平安，唱出幸福。

—— 刘和刚

刘金祥：福建省农村青年致富带头人，消防宣传公益使者。

一粒种能收万颗子，人人防能保万家安。

—— 刘金祥

刘媛媛：女高音歌唱家，国家一级演员，消防宣传公益使者。

平安是最美的歌声。

—— 刘媛媛

齐苗苗：侗族，贵州歌手，消防宣传公益使者。

防火歌谣你传我唱，消防常识牢记不忘。

—— 齐苗苗

闫永霞：非物质文化遗产"乱针绣"第三代传承人，重庆市第四届工艺美术大师，消防宣传公益使者。

乱针绣出逆行勇士，消防亟待人人参与。

—— 闫永霞.

郝佳旭（女）、米津平（男）：陕西省延安市演艺集团舞蹈演员，消防宣传公益使者。

延水河畔宝塔山，平安祥和万家欢。

—— 郝佳旭 米津平

江秀花：全国劳动模范，全国五一劳动奖章获得者，山东济南二机床集团有限公司压力机及自动化公司副总工程师，消防宣传公益使者。

精益求精是品质追求，更是平安理念。

—— 江秀花

汤瑞仁：87 岁，全国职业道德先进个人，中华杰出创业女性，全国爱国拥军模范，湖南韶山毛家饭店发展有限公司董事长，韶山毛家饭店总经理，全国 119 消防奖先进个人。

爱护消防器材，做到有备无患。

—— 汤瑞仁

安杨：羌族，四川省绵阳市北川县人，"5·12"汶川大地震获救者（在废墟埋压 26 小时后被消防官兵成功营救），消防宣传公益使者。

生死关头，是消防员给了我生的希望。

——

许立甲：中石油克拉玛依石化有限责任公司董事长、总经理，消防宣传公益使者。

消防安全是石化企业安全的重中之重。

—— 许立甲

阮兆军：安徽省马鞍山市金鹰尚美酒店总经理，消防宣传公益使者。

下榻入住，请记住安全出口，卧床不能吸烟。

—— 阮兆军

孙霞：江苏扬州瘦西湖景区船娘，消防宣传公益使者。

烟花三月来，摇船唱平安。

—— 孙霞

孙志秋：71 岁，大庆会战参与者，黑龙江大庆油田有限责任公司井下作业分公司退休职工，消防宣传公益使者。

牢记铁人精神，为平安大庆增光添彩。

—— 孙志秋

孙连伟：山东省德州市梁子黑陶厂厂长，非物质文化遗产德州黑陶传承人，消防宣传公益使者。

陶艺之精，在于火候；安全之精，在于心头。

—— 孙连伟

孙树祯：全国劳动模范，中国石油吉林石化公司总经理，消防宣传公益使者。

消防安全，责无旁贷。

孙淑强：广东省揭阳市孙淑强狮艺武术馆馆长，第三批国家级非物质文化遗产（青狮）继承人，消防宣传公益使者。

舞狮靠领，火灾靠防。

—— 孙淑强

孙惠忠：江苏省苏州市社会福利总院院长，全国孝亲敬老之星，消防宣传公益使者。

老吾老以及人之老，平平安安，笑口常开。

—— 孙惠忠

苏力坦：维吾尔族，国家非物质文化遗产（民族地毯技艺）传承人，新疆维吾尔自治区喀什市老城民族特色家纺店店员，消防宣传公益使者。

技艺传承不分男女，参与消防不分你我。

—— 苏力坦

杜华江：四川省南充市剪纸艺术家，消防宣传公益使者。

剪刀游走纸张，一不小心，就毁于一旦；
灾难藏于隐患，稍有大意，就猛若虎狼。

——杜华江

李叶：陕西省咸阳市乾县人民弦板腔剧团演员，消防宣传公益使者。

弹起三弦定起音，唱出平安幸福来。

—— 李叶

李宁：壮族，广西壮族自治区来宾市兴宾区南泗乡人，体操奥运冠军，"李宁"体育用品品牌创始人，消防宣传公益使者。

有了平安，幸福才能永久。

李祯：10岁，北京市门头沟区大峪第一小学学生，学校消防知识义务宣传员，消防宣传公益小天使。

防火和火场逃生知识，你学会了没？

——李祯

李娟：裕固族，甘肃省张掖市肃南裕族固自治县博物馆讲解员，消防宣传公益使者。

解说有技巧，防火不偷巧。

——

李舸：中国摄影家协会第九届主席，消防宣传公益使者。

用镜头为祖国喝彩，用行动为平安加油。

——李舸

李琦：国家一级演员，梅花奖获得者，消防宣传公益使者。

远亲不如近邻，你我共做维护消防的一家人。

李斌：全国劳动模范，国家科学技术进步奖二等奖获得者，上海电气液压气动有限公司总工艺师、液压泵厂数控工段工段长，消防宣传公益使者。

严是爱，松是害，疏忽大意事故来。

—— 李斌

李群：甘肃省天水市第一人民医院产科主任医师，消防宣传公益使者。

对消防的无知，就是对生命的亵渎。

——李群

李静：陕西省汉中市西乡县南山茶业有限责任公司员工，高级茶艺师，消防宣传公益使者。

云暖采茶分外忙，平安幸福浓于茶。

——李静

李小双：体操运动员，奥运冠军，消防宣传公益使者。

平安，是永不落幕的赛场。

李开桐：5 岁，海南省昌江县机关幼儿园学生，消防宣传公益小天使。

长大后我要当消防员，保护大家的安全。

—— 李开桐

李东生：TCL 集团创始人、董事长，消防宣传公益使者。

经营企业贵识微见远，消防安全须防微杜渐。

—— 李东生

李会芳：陕西省铜川市陈炉陶瓷总厂技师，消防宣传公益使者。

陶瓷之美，在于掌控火候；安全之要，在于消除隐患。

——李会芳

李秀霞：全国劳动模范，山东省莱芜市公共汽车公司驾驶员，消防宣传公益使者。

平安，是离家最近的路途。

——李秀霞

李伯清：70岁，国家一级演员，散打评书创始人，西南地区民间艺术家，消防宣传公益使者。

消防来不得虚假，隐患容不得忽视。

—— 李伯清

李谷一：女高音歌唱家、国家一级演员，消防宣传公益使者。

难忘今宵，平安常在。

李宝妹：白族，云南省大理州剑川县阿鹏艺术团团长，消防宣传公益使者。

歌声飘入千万家，安全相伴你我他。

—— 李宝妹

李梓萌：中央电视台主持人，《新闻联播》节目主播，天津市消防宣传大使。

消防安全，做好自己，带动周围。

李黑记：全国劳动模范，全国优秀乡镇企业家，陕西省宝鸡市东岭集团（村）董事长、总经理，消防宣传公益使者。

争当致富带头人，誓做防火排头兵。

—— 李黑记

李湘平：全国劳动模范，全国优秀企业家，中国企业改革十大杰出人物，山东省东明石化集团有限公司董事局主席，消防宣传公益使者。

不是企业消灭隐患，就是隐患消灭企业。

—— 李湘平

李蓉顺：彝族，云南省楚雄州大姚县文体广电旅游局演员，消防宣传公益使者。

火灾面前莫惊慌，报警逃生两不忘。

—— 李蓉顺

李慧敏：全国五一劳动奖章、全国见义勇为司机荣誉获得者，山东省济南市公交二分公司驾驶员，消防宣传公益使者。

消防事关你我平安，更需你我共同参与。

—— 李慧敏

杨梅：全国三八红旗手，全国巾帼建功标兵，广东省河源市城管局环卫保洁员，消防宣传公益使者。

文明家园，首要安全。

—— 杨梅

杨一方：苗族，贵州民族服饰形象大使，贵州省贵阳演艺集团独唱演员，黔东南州消防宣传大使。

119，生命热线，平安音符。

—— 杨一方

杨永斌：中国工程院院士，重庆大学土木学院荣誉院士，消防宣传公益使者。

大堤防蚁穴，广厦防火患。

—— 杨永斌

杨全军：青海金瑁建筑有限公司项目经理，消防宣传公益使者。

火灾事故不难防，重在安全守规章。

—— 杨全军

杨军剑：北京市西城区德胜门大街"街长"，消防宣传公益使者。

邻里守望，四季安宁。

—— 杨军剑

杨苗苗：全国劳动模范，全国三八红旗手，全国创先争优优秀共产党员，安徽省蚌埠市公交集团 107 苗苗线路驾驶员，消防宣传公益使者。

行车上路不抢分秒，消防安全不怠丝毫。

—— 杨苗苗

杨春雨：中央储备粮吉林四平直属库梨树分库主任，消防宣传公益使者。

火灾出于麻痹，安全源于警惕。

—— 杨春雨

杨春娥：土家族，全国优秀工人，湖南省张家界市环卫处员工，消防宣传公益使者。

清洁从拾起一片果皮开始，消防从熄灭一根烟蒂做起。

—— 杨春娥

杨琼玲：全国优秀教师，湖南省长沙市长郡月亮岛中学教师，消防宣传公益使者。

开学上堂消防课，师生平安家长乐。

—— 杨琼玲

吴川淮：《中国书法报》编辑，消防宣传公益使者。

养安全习惯，护平安家园。

——— 吴川淮

吴天祥：73 岁，全国道德模范，全国优秀共产党员，全国先进工作者，全国学雷锋先进个人，消防宣传公益使者。

人人学消防，平安正能量。

—— 吴天祥

吴吉林：全国劳动模范、全国五一劳动奖章荣誉获得者，中石化胜利油田东辛采油厂高级技师，消防宣传公益使者。

劳动要勤勤恳恳，防火要随时随地。

—— 吴吉林

吴国祥：银川新华百货商业集团股份有限公司固原店总经理，消防宣传公益使者。

消防没有旁观者，你我都是责任人。

——吴国祥

何志强：江西省萍乡市博物馆讲解员，消防宣传公益使者。

每件历史遗珍，都是平安见证。

—— 何志强

何清祥：东乡族，花儿演唱家，国家一级演员，甘肃省临夏州民族歌舞剧团歌手，消防宣传公益使者。

一曲花儿，唱得舒坦；关注消防，活得平安。

—— 何清祥

何建明：中国作家协会副主席，中国报告文学学会会长，天津港 8·12 长篇报告文学《爆炸现场》作者，消防宣传公益使者。

告慰英雄的最好方式，是让灾害不再发生。

——

何春雄：全国劳动模范，湖南省邵阳市大祥区环卫局宝庆中路清扫班班长，消防宣传公益使者。

安全就像卫生，不能蒙上灰尘。

—— 何春雄

何洪亮：江西省中石油昆仑燃气有限公司萍乡加气母站站长，消防宣传公益使者。

保证安全，才能加油人生。

——何洪亮

何桂琴：全国教书育人楷模，宁夏回族自治区固原市回民中学副校长、高级教师，消防宣传公益使者。

师生有情火无情，校园防火钟长鸣。

—— 何桂琴

何雯娜：客家人，奥运冠军，福建省龙岩市旅游形象大使，龙岩市消防宣传大使。

奥运永无止境，安全没有捷径。

余芷君：11岁，湖北省鄂州市实验小学学生，消防宣传公益小天使。

学一分消防知识，多十分安全保障。

—— 余芷君

余浩莲：畲族，闽西（上杭）傀儡戏传承人，福建上杭客家木偶传习中心舞蹈演员，消防宣传公益使者。

舞蹈创造肢体美，平安赢得幸福来。

——余浩莲.

邹杰莲：重庆市两江新区星光慈竹幼儿园幼儿教师，消防宣传公益使者。

安全习惯，从娃娃抓起。

—— 邹杰莲

闵凡路：新华社《半月谈》原总编辑，《中华辞赋》总编辑，消防宣传公益使者。

为了您和家人的平安幸福，请自觉遵守消防法规。

——闵凡路

汪础：安徽省黟县宏村村委委员，宏村古建筑群志愿防火队队长，消防宣传公益使者。

一鸣方惊人，长鸣防火患。

———— 汪础

汪涵：湖南卫视节目主持人，湖南明星消防队队长，消防宣传公益使者。

四季如歌，平安最美。

汪永斌：竹雕艺人，安徽省宏村汪氏宗祠志愿防火员，消防宣传公益使者。

只有平安拒火灾，方能旅游旺景来。

——汪永斌

汪忠辉：中石化上海石化烯烃部安全环保科科长，消防宣传公益使者。

守规章、重防范，安全和危险往往只在于一念之差。

——汪忠辉

沈腾：喜剧、影视演员，导演，消防宣传公益使者。

平安，是最好看的喜剧。

—— 沈腾

沈得付：美团外卖江西萍乡分站员工，消防宣传公益使者。

无平安，食不甘味。

—— 沈得付

宋明：藏族，西藏雪堆白传统手工艺术学校校长，消防宣传公益使者。

做吉祥文化传承人，当消防安全宣传员。

—— 宋明

张霖：河南省中原大化集团公司董事长，教授级高级工程师，消防宣传公益使者。

安全是 1，效益是 0。没有 1，再多的 0 也没有意义。

——张霖

张月：阿昌族，获"金嗓子"杯全国山歌邀请赛金奖，云南省德宏州芒市文体广电旅游局民族文化工作队歌手，消防宣传公益使者。

学习消防常识，续写火塘传奇。

——张月

张兵：新疆茂业国际商贸有限责任公司董事长，企业微型消防站站长，消防宣传公益使者。

劝告是苦的，结果是甜的，平安是我们大家的。

—— 张兵

张译：影视演员，北京消防宣传大使。

不抛弃、不放弃，致敬逆火英雄。

张凯：安徽省合肥城市轨道交通有限公司运营分公司中心站站长，消防宣传公益使者。

改变的是出行方式，不变的是安全追求。

——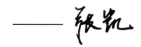

张宝：全国道德模范，江苏省九鼎环球建设集团淮南分公司经理，消防宣传公益使者。

万丈高楼平地起，工地安全责如天。

—— 张宝

张洋：湖北省圆通快递公司快递员，全国119消防奖先进个人，消防宣传公益使者。

家家平安，是我们最温暖的快递。

—— 张洋

张辉：全国劳动模范，全国技术能手，辽宁省抚顺市特殊钢股份有限公司车工，消防宣传公益使者。

生产当模范，安全做表率。

—— 张辉

张勇：山西威风锣鼓代表性传承人，消防宣传公益使者。

消防谱乐章，安全大合唱。

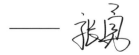

张峰：江西省润达国际购物中心消防中控室领班，消防宣传公益使者。

初起火灾不用怕，沉着冷静处置它。

—— 张峰

张子涵：7 岁，陕西省商洛市秦韵幼儿园学生，消防宣传公益小天使。

开玩具车可以，玩火可不行哦。

—— 张子涵

张顺开：纳西族，云南省丽江市茶马古城旅游发展有限公司民俗队长，消防宣传公益使者。

民俗靠传承，防火要检查。

—— 张顺开

张斗伟：长安街读书会发起人，消防宣传公益使者。

让安全像阅读一样成为习惯。

—— 张斗伟

张玉林：国家级非物质文化遗产（形意拳）代表性传承人，河北省深州市形意拳协会会长，消防宣传公益使者。

强吾身，修武德；除火患，保平安。

———— 张玉林

张冬梅：全国劳动模范，北京同仁堂股份有限公司同仁堂制药厂首席技师，消防宣传公益使者。

防范，是医治灾患的最好处方。

—— 张冬梅

张进夫：新疆维吾尔自治区巴音郭楞蒙古自治州农民，消防宣传公益使者。

杂草不除祸害庄稼，隐患不除早晚成灾。

—— 张进夫

张丽莉：五一劳动奖章、三八红旗手、教书育人楷模、见义勇为最美人物荣誉获得者，黑龙江省残联主席团委员、副主席，消防宣传公益使者。

桃李芬芳，平安你我。

—— 张丽莉

张松梅：全国劳动模范，中国石化销售有限公司北京房山昊良加油站站长，消防宣传公益使者。

车要加油，消防安全更需要加油。

—— 张松梅

张国田：中国摄影家协会理事，平遥国际摄影大展艺术总监，《映像》杂志总编，消防宣传公益使者。

镜头记录历史，行动守护平安。

—— 张国田

张国强：话剧、影视演员，消防宣传公益使者。

电影可以重演，平安不能重来。

张建文：81岁，雷锋生前战友，消防宣传公益使者。

火灾不留情，预防要先行。

—— 张建文

张素华：河南省襄城县幼儿园教师，消防宣传公益使者。

安全只有逗号，没有句号。

——张素华

张晓丹：北京电视台新闻中心记者，消防宣传公益使者。

没有火灾，就是最好的新闻。

—— 张晓丹

张晓燕（44岁）、潘小爱（9岁）母女："5·12"汶川大地震发生时，怀孕8个多月的张晓燕埋压废墟，消防官兵奋战50多个小时成功将她救出。一个月后，女儿潘小爱出生。母女俩均为消防宣传公益使者。

天灾无情，人间有爱。女儿和我一起为平安接力。

—— 张晓燕 潘小爱

张钰桦：2016 年参加中央电视台《成语大会》，被网友称为"成语女神"，消防宣传公益使者。

成语靠熟记，消防安全更需要学习。

—— 张钰桦

张海鹏：甘肃省金昌九里三分火锅店厨师长，消防宣传公益使者。

厨房安全很重要，防火措施不能少。

—— 张海鹏

张喜民（着红衣者）：陕西渭南人，国家级非物质文化遗产（华阴老腔）代表性传承人，消防宣传公益使者。

华阴老腔一声吼，平安幸福不离口。

—— 张喜民

张道广：北京城市副中心 A1 工程消防主管，消防宣传公益使者。

一名管理者要有勇气对自己说：我的安全，还没做到位。

—— 张道广

张锦秋：81岁，中国工程院首批院士，首批"中国工程建设设计大师"，国家特批一级注册建筑师，首届"梁思成建筑奖"获得者，国际小行星中心命名委员会命名国际编号 210232 号小行星为"张锦秋星"，消防宣传公益使者。

安全是建筑设计的第一要素。

—— 张锦秋

张满堂：河南省平顶山市宝丰县马街说书研究会会长，非物质文化遗产项目（马街书会）代表性传承人，消防宣传公益使者。

说天下故事，唱平安新曲。

—— 张满堂

陆琴：江苏省扬州陆琴脚艺三把刀发展有限公司董事长，消防宣传公益使者。

健康始于足下，防火重在平时。

———

陆业超：江苏省苏州市姑苏区金阊实验小学老师，消防宣传公益使者。

小桥流水，共护平安。

———— 陆业超

阿尼帕·阿力马洪：78 岁，维吾尔族，全国民族团结进步模范个人，2010 年度感动中国十大人物，新疆维吾尔自治区阿勒泰清河县居民，消防宣传公益使者。

邻居平安，自己也平安。

——

阿布来提：维吾尔族，新疆维吾尔自治区老城特色铜艺店店长，国家级非物质文化遗产（喀什铜艺）第七代传承人，消防宣传公益使者。

烈火炼金，劳动验人；薪火相传，打造平安。

—— 阿布来提

阿力甫夏·依那亚提汗： 塔吉克族，全国最美乡村教师、全国师德标兵荣誉获得者，新疆维吾尔自治区塔什库尔干塔吉克自治县阿巴提镇学校党支部书记，消防宣传公益使者。

衣服要从新时爱惜，孩子要从幼时教育。让安全从小养成习惯。

—— 阿力甫夏·依那亚提汗

阿斯哈尔·阿布德热依木：维吾尔族，新疆维吾尔自治区阿勒泰市农家乐经理，消防宣传公益使者。

小心无大错，大意惹祸端。

——

阿卜力孜·麦提图尔荪（右）：维吾尔族，新疆维吾尔自治区和田市托伊鲁克地毯专卖中心店员，消防宣传公益使者。

蛀虫不蛀铁，防火不打折。

ئابلىز مەتتۇرسۇن

阿卜力孜·麦提图尔荪

阿卜来海提·阿米力柯：维吾尔族，新疆维吾尔自治区和田市阿卜来海提红柳烤肉店经理，消防宣传公益使者。

勤劳出名气，懒惰出毛病；大意出问题，防范要仔细。

阿卜来海提阿米力柯

陈龙：福建省三明市综合市场服务中心主任，消防宣传公益使者。

市场方便你我他，预防火灾靠大家。

—— 陈龙

陈坚：中华金厨奖获得者，北京市全聚德和平门店总厨师长，消防宣传公益使者。

烤鸭需要火候，安全牢记心头。

—— 陈坚

陈林：海南省三沙市赵述岛居民，消防宣传公益使者。

美丽的三沙，共同守护她。

—— 陈 林

陈静：甘肃省陇南昌盛婴幼园园长，消防宣传公益使者。

祖国花朵真可爱，学习消防做表率。

—— 陈静

陈熙淳：11岁，江苏省苏州市工业园区星湾学校学生，消防宣传公益小天使。

大大英雄犬，小小消防员。

—— 陈熙淳

陈丹丹：湖北省襄阳市团山镇余岗社区网格员，消防宣传公益使者。

平安，是苦口婆心"唠"出来的幸福。

—— 陈丹丹

陈忠利：大商新玛特辽宁省鞍山店保卫科科长，消防宣传公益使者。

消防安全就是商场的生命线。

—— 陈忠利

陈思思：歌唱家，国家一级演员，消防宣传公益使者。

思则有备，有备则无患。

陈秋菊：四川省资阳市乐至县中天镇乐阳小学教师，消防宣传公益使者。

教育塑造灵魂，平安承载希望。

—— 陈秋菊

陈美芳：全国劳动模范、全国五一劳动奖章、全国铁路火车头奖章荣誉获得者，上海铁路局杭州客运段列车长，消防宣传公益使者。

多看一眼，安全保险；早防一步，少出事故。

——

陈晓霞：全国城镇妇女"巾帼建功"标兵，全国妇联家庭与儿童工作部部长，消防宣传公益使者。

沈秋实：8 岁，北京市东交民巷小学学生，消防宣传公益小天使。

平安音符，传递最美关怀。

—— 陈晓霞 沈秋实

陈海莉：陕西省延安市安塞区农民剪纸艺术家，消防宣传公益使者。

剪出平安花，喜入百姓家。

——陈海莉

拓云慧：国家级非物质文化遗产（绥米唢呐）传承人，陕西省榆林市子洲县裴家湾镇拓家茆村农民，消防宣传公益使者。

唢呐曲小腔儿大，奏出平安入万家。

—— 拓云慧

苗阜、王声：青年相声演员，CCTV相声大赛作品金奖、中国曲艺牡丹奖"新人奖"获得者，消防宣传公益使者。

相声讲究说学逗唱，消防强调实抓严管。

——苗阜 王声

范强强：公共安全科普专家，消防宣传公益使者。

为了您和家人的安全，请安装家用火灾报警器。

—— 范强强

郁雪群：全国巾帼标兵，全国优秀教师，江苏省邳州市邢楼镇中心小学教师，消防宣传公益使者。

安全如良师益友，是照亮人生的明灯。

—— 郁雪群

欧阳夏丹：中央电视台《新闻联播》主持人，广西壮族自治区消防宣传大使。

平安，是对习惯养成的奖赏。

————

卓先顺：贵州省遵义市义工联合会会长，全国 119 消防奖先进个人，消防宣传公益使者。

消防连万家，平安你我他。

—— 卓先顺

易冉、欧清莲：全国劳动模范，中国南车集团长江车辆有限公司株洲分公司组装车间中梁电焊班电焊工，消防宣传公益使者。

安全生产，员工是执行者，更是受益者。

——易冉 欧清莲

罗林（右一）：瑶族，大学生创业者，湖南省永州市优秀社区消防宣传大使。

用平安守护我们美丽的瑶寨。

——

罗强：中石化北京燕山分公司董事长，消防宣传公益使者。

不是企业消灭隐患，就是隐患消灭企业。消防安全，责无旁贷。

——罗强

罗晓东：中国麦田计划吉水团队召集人，消防宣传公益使者。

清除火患，加快脱贫。

—— 罗晓东

罗布斯达：藏族，西藏唐卡画院院长，西藏大学艺术学院硕士生导师，国家级非物质文化遗产（藏族唐卡—勉萨派）传承人，消防宣传公益使者。

绘画越精越好，防火越严越好。

—— 罗布斯达

和亚月：纳西族，云南省丽江市丽水金沙演艺公司演员，消防宣传公益使者。

生命舞蹈，为平安呼唤。

—— 和亚月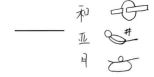

和志刚：纳西族，全国五一劳动奖章、中国十大杰出青年荣誉获得者，云南省口书书法家，消防宣传公益使者。

用心，才能写出好字。消防安全也是如此。

—— 和志刚

季加孚：北京大学肿瘤医院院长，消防宣传公益使者。

火灾隐患如同癌细胞。拖，出大问题。

—— 季加孚

金永新（67岁）、金龙（41岁）父子：满族。金永新，辽宁省开原市八棵树镇水利服务站原站长；金龙，开原市八棵树镇水利服务站站员。父子俩先后获得全国 119 消防奖先进个人。

上阵父子兵，除患保太平。

—— 金永新 金龙

魏弘、徐富梅、杨静：三人均为甘肃省金昌市特殊教育学校教师，消防宣传公益使者。

特别的爱给特别的你。

—— 魏弘 徐富梅 杨静

周鹏：江苏省扬州市公共交通集团公司公交 89 路线长，消防宣传公益使者。

绿色出行，不开"火"车。

—— 周鹏

周汉庆：国家非物质文化遗产（惠山泥人）传承人，全国工艺美术金奖获得者，江苏省无锡市惠山泥人厂高级工艺美术师，消防宣传公益使者。

泥自火中生，福从安中来。

——周汉庆

周汝国：69 岁，重庆农民作家，全国 119 消防奖先进个人，消防宣传公益使者。

接地气，写乡音，让消防安全贴近乡亲。

—— 周汝国

周志塞：陕西省延安市安塞区冯家营政村农民，安塞腰鼓优秀教练，消防宣传公益使者。

打起幸福鼓，唱响平安歌。

—— 周志塞

周茶秀：全国劳动模范，全国三八红旗手，全国纺织行业劳动模范，消防宣传公益使者。

在岗一分钟，安全六十秒。

—— 周茶秀

周培臻：内蒙古自治区锡林郭勒盟老年体协工作人员，消防宣传公益使者。

挥毫抒古今，泼墨写平安。

—— 周培臻

郑岚：全国五好文明家庭标兵，甘肃省天水市公路局清水段退休职工，消防宣传公益使者。

赶上好日子，平安最重要。

—— 郑岚

单霁翔：故宫博物院院长，消防宣传公益使者。

消防是故宫的命脉，把壮美紫禁城完美交给下一个六百年。

—— 单霁翔

泽吉：藏族，全国三八红旗手，全国体育先进个人，西藏大学艺术学院副教授，消防宣传公益使者。

良药苦口但能治病，防火不懈带来平安。

—— 泽吉

宗庆后：杭州娃哈哈集团有限公司董事长、总经理，消防宣传公益使者。

安全生产，检验着每个企业家的良知和责任。

——

官金仙：全国三八红旗手，南方物流集团董事长，消防宣传公益使者。

安全是最大的效益。

郎平：中国女排主教练，消防宣传公益使者。

球场制胜在于审时度势，消防安全在于防微杜渐。

—— 郎平

房泽秋（右）：全国孝亲敬老之星，全国最美家庭，山东省济南市历下区泉城路街道贡院墙根社区居民，消防宣传公益使者。

勤劳兴家针挑土，火灾败家一瞬间。

—— 房泽秋

房玲慧：瑶族，世界旅游小姐大赛旅游小姐单项奖，广东省连南瑶族自治县文化馆管理员，消防宣传公益使者。

瑶歌唱千年，消防记心间。

——房玲慧

居马泰·俄白克：哈萨克族，全国最美乡村医生，新疆维吾尔自治区特克斯县包扎墩牧区卫生室医生，消防宣传公益使者。

话要说瘦一点，事要办肥一点。
老乡平安健康，是我的最大心愿。

—— 居马泰·俄白克

孟凡珍：全国劳动模范，优秀乡村医生，山东省济宁市任城区唐口街道廉屯村卫生室医生，消防宣传公益使者。

治病救人需仁心，消除隐患靠细心。

—— 孟凡珍

孟苏平：奥运冠军，举重运动员，消防宣传公益使者。

生命能承千钧之重，却难挡星火之灾。

—— 孟苏平

孟根仓：蒙古族，民间艺人，消防宣传公益使者。

唱民风民俗，谱平安音符。

——

孟超广：新疆百度外卖员工，消防宣传公益使者。

足不出户享便捷，消防知识送万家。

—— 孟超广

赵物：国家非物质文化遗产（泾阳茯茶）传承人代表，陕西省咸阳市礼泉县袁家村童济功茶坊制茶师傅，消防宣传公益使者。

做茶虽繁必不敢减人工，防火事大更不能存马虎。

——赵物

赵萍：人民文学出版社编辑，消防宣传公益使者。

佳作丰富精神世界，平安守护美好家园。

—— 赵萍

赵士金：中国石化销售有限公司山东莱芜石油分公司经理，消防宣传公益使者。

自主排查除隐患，企业平安快发展。

—— 赵士金

赵文阁：浙江中国小商品城集团股份有限公司总经理，消防宣传公益使者。

我们与全世界做生意，平安是最大的订单。

—— 赵文阁

赵建光：全国劳动模范，全国优秀农民工，山东滨州市沾化区下洼镇北陈村党支部书记，消防宣传公益使者。

果树带病产量减半，家有火患毁于一旦。

—— 赵建光

胡立新：中国少数民族文物保护协会副会长，中国民族书画院院长，消防宣传公益使者。

美与平安是一对孪生。没有平安，美将不在。

胡雅嘎：蒙古族，内蒙古自治区呼伦贝尔市陈巴尔虎旗呼和诺尔镇安格尔图嘎查牧民，消防宣传公益使者。

危险时刻显真爱，老弱病残先疏散。

——

胡新民：陕西省宝鸡市泥塑艺术家，国家非物质文化遗产（凤翔泥塑）传承人，中国中青年德艺双馨艺术家，消防宣传公益使者。

黄泥捏成送福娃，送进家门祝平安。

南航七仙女：中国南方航空公司的七位优秀空姐，消防宣传公益使者。

安全消防，平安起航。

——

柯洁：世界围棋公开赛冠军，中国围棋职业九段棋手，消防宣传公益使者。

在围棋的世界里，安全是制胜的法宝。生活中也是这样。

柳国金：龙工（福建）机械有限公司消防安全员，消防宣传公益使者。

拒违章，除火患；保安全，促生产。

—— 柳国金

柳祥国：全国劳动模范、全国五一劳动奖章、中华技能大奖等荣誉获得者，湖南省株洲冶炼集团股份有限公司锌电解厂七工段工段长，消防宣传公益使者。

创业千般难，火烧一日穷。

—— 柳祥国

显星武：全国优秀共青团员，中国铝业青海分公司工区长，消防宣传公益使者。

隐患是企业大敌，时时得提防警惕。

—— 显星武

哈力克·买买提：维吾尔族，全国民族团结进步模范，国防好家庭称号获得者，新疆维吾尔自治区吐鲁番托克逊县农民，消防宣传公益使者。

会赶马的，不用鞭子用饲料；会持家的，不买教训买安全。

——哈力克·买买提

段洪波：河北大学中央兰开夏学院副院长，研究生导师，消防宣传公益使者。

发挥文化力量，传递消防安全。

—— 段洪波

俏夕阳：中国老年艺术团唐山俏夕阳舞蹈队，消防宣传公益使者。

最美不过夕阳红，火灾防范伴一生。

—— 唐山俏夕阳舞蹈队

侯艳：梅花奖获得者，国家一级演员，宁夏演艺集团秦腔剧院有限公司副总经理，消防宣传公益使者。

吼一声秦腔豪迈，道一句防火防灾。

——侯艳

侯宁彬：陕西省秦始皇帝陵博物院院长、研究员，消防宣传公益使者。

文物，尚可修复；生命，无法重来。

—— 侯宁彬

俞兰：青海省海东市民间艺人，平安伊人绣坊创始人，消防宣传公益使者。

水墨丹青描锦绣，饱蘸激情绘太平。

—— 俞兰

施文勇：江苏省阳澄湖蟹农，消防宣传公益使者。

蟹若养得好，水质是关键；家庭要幸福，平安是关键。

—— 施文勇

姜慧：北京市燃气控股有限公司入户巡检员，消防宣传公益使者。

燃气泄漏莫动火电，关阀断气开窗通风。

——姜慧

姜昆：全国德艺双馨艺术家，国家一级演员，中国曲艺家协会主席，消防宣传公益使者。

生活不能没有笑声，更缺不了平安。

—— 姜昆

洛桑巴典：藏族，全国自强模范，西藏自治区十大杰出青年奖，西藏自治区残联副主席，西藏拉萨市岗旋语言学校校长，消防宣传公益使者。

没有木头，支不起房子；没有平安，过不好日子。

—— 洛桑巴典

恽晶慧：江苏省无锡市阳山镇"桃博士"水蜜桃品牌创始人，新一代"阳山水蜜桃"桃农代表，消防宣传公益使者。

品桃是种享受，会"逃"是门学问。

—— 恽晶慧

宫艳红：全国劳动模范，天津大港油田采油三厂六区管理三站技师，消防宣传公益使者。

远离事故高压线，珍爱安全生命线。

—— 宫艳红

阿娇依组合（任茂淑，苗族；吴吉，土家族）：全国少数民族汇演金奖，重庆市非物质文化遗产项目（鞍子苗歌）代表性传承人，消防宣传公益使者。

民俗文化要传承，消防安全须牢记。

——任茂淑 吴吉

姚建萍：国家非物质文化遗产项目（苏绣）代表性传承人，苏绣艺术家，消防宣传公益使者。

防火就像针线活，要细之又细。

—— 姚建萍

怒尔曼古丽·阿卜杜力米提：维吾尔族，新疆维吾尔自治区和田市艾吉热木丝绸艾德莱斯景色地毯店店长，消防宣传公益使者。

一分耕耘一分收获，一分警觉一分平安。

نۇرماگۈل ئابلىمىت

怒·尔曼古丽·阿卜杜力米提

秦世俊：全国五一劳动奖章获得者，全国杰出青年，中航工业哈尔滨飞机工业集团有限责任公司首席技能专家、数控铣工，消防宣传公益使者。

火灾不难防，重在守规章。

—— 秦世俊

秦英花：土族，青海省土族服装工艺传承人，消防宣传公益使者。

绣千针密密土族情，传万家声声安全音。

—— 秦英花

曹婷、班禅禅：藏族，白马民俗文化工作者，消防宣传公益使者。

天长地久，糌粑可口；平安相伴，幸福久久。

—— 曹婷 班禅禅

袁月：江西省吉安市吉水县博物馆讲解员，消防宣传公益使者。

文物可以陈列，平安不是摆设。

—— 袁月

袁虎：中国青年五四奖章获得者，全国种粮售粮大户，湖南省隆平高科新康种粮专业合作社理事长，长沙龙虎生态农业科技有限公司董事长，消防宣传公益使者。

发展是硬道理，安全是命根子。

—— 袁虎

袁卫华：全国青年岗位能手，中国银行南通分行团委书记，消防宣传公益使者。

存款要积累，火患须清零。

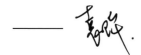

袁仁国：中国贵州茅台集团有限责任公司董事长，消防宣传公益使者。

效益是干出来的，安全是抓出来的。

—— 袁仁国

袁志敏：资深文化策划人，创刊《中华辞赋》杂志，消防宣传公益使者。

历览家国事，平安抵万金。

—— 袁志敏

袁隆平：87岁，首届国家最高科学奖获得者，"杂交水稻之父"，中国工程院院士，消防宣传公益使者。

平安、粮食，皆为国之宝，民之天。

—— 袁隆平

耿盛琛：甘肃放哈餐饮娱乐管理有限公司董事长，消防宣传公益使者。

生意再忙，也不能忘了消防安全。

—— 耿盛琛

栗娜：中央电视台主持人，北京市消防宣传大使。

为安全投入，就是为幸福买单。

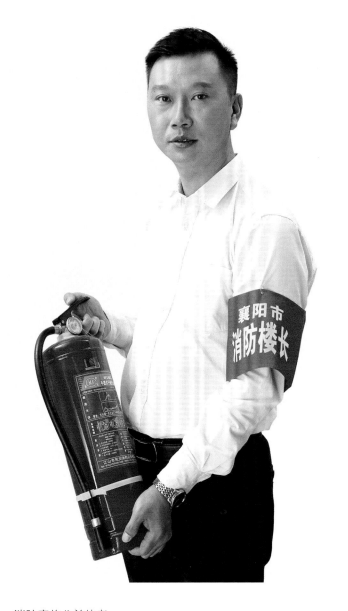

夏辉：湖北省襄阳市环球金融城消防楼长，消防宣传公益使者。

发现隐患，立即整改。

—— 夏辉

顾建平：上海中心大厦建设发展有限公司总经理，消防宣传公益使者。

用安全筑高城市天际线。

—— 顾建平

柴京海："大同数来宝"曲艺曲种创始人，国家一级演员，山西省曲艺家协会主席，消防宣传公益使者。

真艺术源于生活，好日子始于平安。

——

徐平：江西启光律师事务所律师，消防宣传公益使者。

诉讼必须掌握证据，防火必须懂得消防。

——徐平

徐帆：北京人民艺术剧院演员，消防宣传公益使者。

戏里戏外，平安是莫大的福。

徐超：新疆维吾尔自治区石河子高中学区管理服务中心公寓负责人，消防宣传公益使者。

勤劳者得饱暖，谨慎者享平安。

—— 徐超

徐金鹏：北京市西城区冠英园小区 22 号楼消防楼长，消防宣传公益使者。

出门无牵挂，先把火源查。熄火、断电、关燃气，您做到了吗？

—— 徐金鹏

徐筱桂：67岁，福建省南平市浦城县社区退休干部，消防宣传公益使者。

社区邻里每相见，消防安全提一遍。
楼梯走道保通畅，远离火患家平安。

—— 徐筱桂

徐德光：全国最美乡村教师，在边远地区任教 43 年，贵州省遵义市红花岗区金鼎山镇扇子林教学点教师，消防宣传公益使者。

目送孩子走出大山，平安伴随理想。

—— 徐德光·

郭壮：中国石油鸡西油库主任，消防宣传公益使者。

隐患是火灾的导火索，责任是安全的铺路石。

—— 郭壮

郭文政：78岁，民间剪纸艺术家，山东高密市"五老志愿者"，消防宣传公益使者。

剪纸是民间的艺术，平安是大众的期盼。

—— 郭文政

郭明义：全国道德模范、全国优秀共产党员，当代雷锋、全国五一劳动奖章获得者，鞍钢集团矿业公司齐大山铁矿生产技术室采场公路管理员，消防宣传公益使者。

做公益慰藉心灵，学消防守护家园。

—— 郭明义

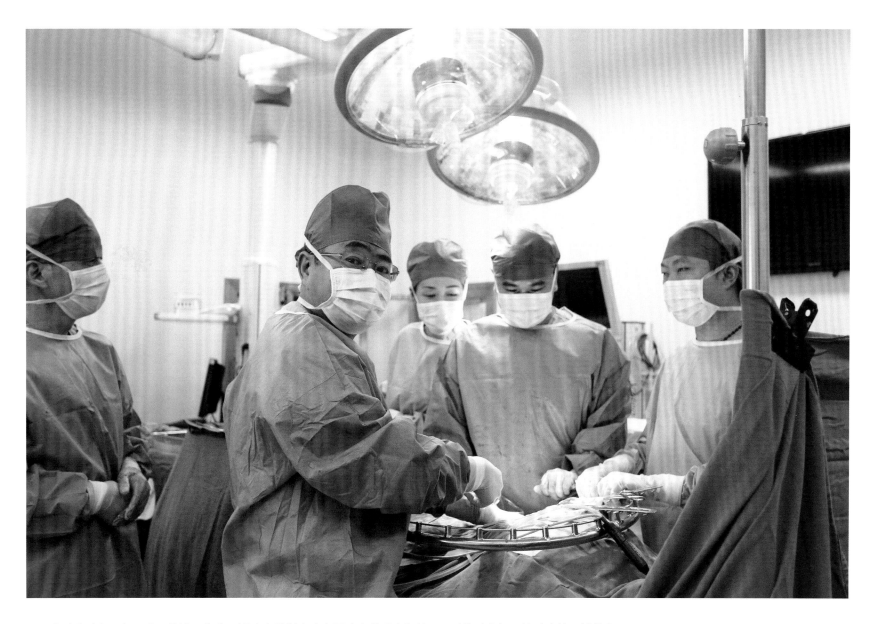

唐才喜（左二）：全国先进工作者，湖南省株洲市中心医院大外科主任兼肝胆胰外科主任，消防宣传公益使者。

平安与疾病一样，都应预防为先。

—— 唐才喜

陶石泉：第九届中国青年创业奖获得者，重庆江小白酒业有限公司董事长，消防宣传公益使者。

制度漏条缝，火灾就钻空。

排勒成：景颇族，云南省德宏州芒市芒海镇人民政府副镇长，消防宣传公益使者。

脱贫攻坚正当时，勿让大火拖后腿。

—— Lapai Lachin

排勒成

黄西：中央电视台《是真的吗？》节目主持人，消防宣传公益使者。

消防安全只有"真"，没有"假"。

—— 黄西

黄航：13岁，全国儿童消防绘画作文大赛获奖者，云南省普洱市景东县银生中学学生，消防宣传公益使者。

追梦新少年，平安新力量。

—— 黄航

黄渤：第 46 届金马奖最佳男演员，第 20 届上海国际电影节最佳男主角，消防宣传公益使者。

电影可以重拍，生命只有一次。

——

黄丽烽：福建省宁德市蕉城区蕉北街道培英社区主任，全国优秀社区消防宣传大使。

饭不吃一人挨饿，火不防邻里遭殃。

—— 黄丽烽

黄亮娥：国家非物质文化遗产（陕州剪纸）代表性传承人，河南省三门峡市陕州区西张村镇南沟村农民，消防宣传公益使者。

不铰龙，不铰凤，铰个平安挂家中。

—— 黄亮娥

黄海涛、薛仁杰：上海中心大厦微型消防站队员，消防宣传公益使者。

微型消防站，安全就在你身边。

—— 黄海涛 薛仁杰

黄婉秋：全国德艺双馨艺术家终身成就奖，第一代"刘三姐"扮演者，国家一级演员，消防宣传公益使者。

天下刘三姐，共唱平安歌。

"救火阿三"阮炳炎：72 岁，全国见义勇为英雄，全国热心消防公益事业先进个人，全国 119 消防奖先进个人，1989 年组建浙江省第一支家庭义务消防队。

"救火阿三"，是乡亲们对我最好的褒奖。

—— 阮炳炎

曹小芬：全国五一劳动奖章获得者，浙江省新凤鸣集团股份有限公司检验员，消防宣传公益使者。

平安守护幸福，劳动实现价值。

——曹小芬

曹用民：上海华宿电气股份有限公司黔东南州区域经理，专注于用大数据改造农村电气设备，有效降低农村火灾发生，消防宣传公益使者。

科技改变生活，数据助控火灾。

—— 曹用民

曹秀文：全国三八红旗手，上海市金山区农民画家，消防宣传公益使者。

画出平安幸福来。

—— 曹秀文

戚雅琴：江苏省常州市盛兴面馆经营者，消防宣传公益使者。

"面"面俱到，安全当家。

—— 戚雅琴

龚全珍：94岁，全国道德模范，全国三八红旗手，感动中国年度人物，江西省退休教师，消防宣传公益使者。

信仰是精神之魂，平安是幸福前提。

—— 龚全珍

龚智鹏：土家族，全国劳动模范，湖南省张家界永定区沙堤乡龚家垴村村委会主任，消防宣传公益使者。

劳动最光荣，平安创幸福。

—— 龚智鹏

常天平：甘肃省工艺美术大师，泥塑非物质文化遗产技艺传承人，消防宣传公益使者。

河州泥塑常，平安知消防。

———— 常天平
2017年7月28日

崔玲：吉林省吉林市龙潭区新安街道南宁社区委员，全国优秀社区消防宣传大使。

爱财爱物爱家庭，不懂防火等于零。

—— 崔玲

崔继昌：65 岁，国家非物质文化遗产（京东大鼓）河北省代表性传承人，消防宣传公益使者。

传承文化遗产，关注消防安全。

—— 崔继昌

符花金：黎族，海南省民间艺术家，消防宣传公益使者。

文化重传承，消防需传播。

—— 符花金

符冠华："苏步青数学教育奖"获得者，海南省东方市教育教学培训中心教授，消防宣传公益使者。

家庭安全课，别让孩子来提醒。

—— 符冠华

符桂兰：全国巾帼建功标兵，海南省白沙县环卫职工，消防宣传公益使者。

城市美化有我们，消防安全靠大家。

—— 符桂兰

盘振玉：瑶族，全国先进生产工作者，全国师德标兵，湖南省郴州市苏仙区塘溪乡五马垅瑶族村小学高级教师，消防宣传公益使者。

平安，是生命第一课。

—— 盘振玉

梁原、张思宇：天津市名流茶馆相声演员，消防宣传公益使者。

用火防火不失火，为国为家也为我。

—— 梁原 张思宇

梁琰：全国最美教师，河南省安阳特殊教育学校教师，消防宣传公益使者。

你我同行，守护无声世界的平安。

—— 梁琰

梁乾茂：8岁，重庆市大足区实验小学学生，消防宣传公益小天使。

快乐学消防，平安伴成长。

——梁乾茂

寇晓娟：青海省柴达木职业技术学院学前教育专业教师，消防宣传公益使者。

今日播下消防种，明日结出平安果。

—— 寇晓娟

彭志刚：北京市嘉诚嘉信物业安管部经理，消防宣传公益使者。

安全是物业管理的底线。

——彭志刚

董寒：贵州省贵阳市第二人民医院肌电图医生，消防宣传公益使者。

查肌体要靠电子仪器，查隐患要靠火眼金睛。

—— 董寒

董明珠：珠海格力电器股份有限公司董事长，消防宣传公益使者。

安全，生产，是同一条流水线。

敬一丹：中国电视家协会主持人专业委员会主任，中国传媒大学客座教授，消防宣传公益使者。

自己多一分小心，家人少一分担心。

—— 敬一丹

宋志荣：全国最大的苗族自然寨、西江千户苗寨鸣锣喊寨人，消防宣传公益使者。

火烛不小心，闯祸害乡亲。

—— 宋志荣

韩峰：高级经济师，天能集团（河南）能源科技有限公司总经理，消防宣传公益使者。

消防安全就是企业核"芯"。

—— 韩峰

韩再芬：国家级非物质文化遗产（黄梅戏）代表性传承人，黄梅戏表演艺术家，中国戏剧家协会副主席，安徽省消防宣传大使。

舞台上，结局可以反转；现实里，生命无法重来。

——

景斌：宁夏回族自治区固原市原州区东海太阳城小区保安，消防宣传公益使者。

电动车应停放在指定位置，定期查看充电设备。

—— 景斌

喻渭蛟：圆通速递有限公司董事长，消防宣传公益使者。

快递，传播平安的力量。

傅刚：赫哲族，全国民族团结进步模范，黑龙江省饶河县东北黑蜂国家自然保护区管理局局长，消防宣传公益使者。

56 个民族是一家，关注消防你我他。

——傅刚

傅园慧：游泳运动员，消防宣传公益使者。

清除火患顽疾，同样需要洪荒之力。

—— 傅园慧

傅力普：中国电信股份有限公司广东珠海香洲分公司唐家营销服务中心客户经理，消防宣传公益使者。

火灾可以预防，关键你要有一颗防患于未然的心。

—— 傅力普

温克忠：山西金岩工业集团董事长，消防宣传公益使者。

自主排查灭隐患，企业平安快发展。

—— 温克忠

富康年：读者出版传媒股份有限公司《读者》杂志社社长、总编辑，消防宣传公益使者。

天下第一好事，还是读书；人生最大幸福，莫过平安。

——富康年

谢子龙：湖南省摄影家协会主席，消防宣传公益使者。

快门就是警示：人生没有侥幸，防范胜于救灾。

强跃：陕西省历史博物馆馆长，消防宣传公益使者。

防火，是守护文物安全的重中之重。

—— 强跃

蓝绍会：壮族，全国三八红旗手，全国孝老爱亲道德模范，广西壮族自治区来宾市忻城县北更乡塘太村村民，消防宣传公益使者。

农村草木多，防火记心窝。

—— 蓝绍会

蒙胜文：瑶族，国家级非物质文化遗产（瑶族乡布努瑶族猴鼓舞）传承人，广西壮族自治区河池市东兰县三弄乡三合村弄宁屯村民，消防喊寨员，消防宣传公益使者。

铜鼓铿锵，声震山岗；平安山寨，把火来防。

壮文：Mungz Cwngvenz

蒙胜文

楼晓敏（中）：浙江省杭州市中医院副院长，消防宣传公益使者。

单位防火，安全自查，隐患自改，责任自负。

——楼晓敏

赖梅松：中通速递服务有限公司董事长，消防宣传公益使者。

快递，传播平安的力量。

—— 赖梅松

雷佳：歌唱家，国家一级演员，中国消防宣传大使。

用行动防范火灾，用平安美丽中国。

—— 雷佳

雷振瑛：山西省平遥古城社区迎薰门居委会第七网格网格长，"平安妈妈"消防劝导团团长，全国 119 消防奖先进个人，消防宣传公益使者。

用妈妈的心，守护古城平安。

—— 雷振瑛

腾格尔：国家一级演员，歌唱家，消防宣传公益使者。

美丽的家，让爱和平安相伴。

——

鲍建：韵达快递员工，消防宣传公益使者。

消防责任你我他，平安社会人人夸。

—— 鲍建

鲍尔吉·原野：辽宁省作家协会副主席，全国无偿献血先进个人，消防宣传公益使者。

心系消防安全，手写华美篇章。

滚拉旺：67岁，苗族，全国唯一被公安部特批的持枪部落、贵州省从江县岜沙村寨老，消防宣传公益使者。

枪忌走火，寨怕火患。

—— 滚拉旺

蔡明：表演艺术家，国家一级演员，消防宣传公益使者。

马大姐的唠叨，是为了您和大家的安全。
楼道可不能停放电动自行车，谁家的东西也别挡了走路的道儿。

—— 蔡明

蔡国庆：歌手、演员、主持人，消防宣传公益使者。

送你 365 个祝福，别让隐患导演火灾。

——

谭维维：歌手，四川省自贡市消防宣传大使。

跟我来吧，向安全出发。

樊志勤：五一劳动奖章、全国技术能手荣誉获得者，山西省太原重工焊接技术中心副主任，国际焊接技师，消防宣传公益使者。

毫厘之隙，安危之系。

—— 樊志勤

樊建川：四川省成都市政府参事，建川博物馆馆长，消防宣传公益使者。

历史可以留存，生命无法复制。

—— 樊建川

颜志雄：导演，影像艺术家，消防宣传公益使者。

走遍万水千山，平安是最美的风景。

—— 颜志雄

潘文锐：重庆市北碚区朝阳小学附属幼儿园教师，消防宣传公益使者。

找呀找呀找朋友，安全是你好朋友。

—— 潘文锐

潘立华：全国最美乡村教师，安徽省歙县上丰中心学校岩源村吴家坦教学点教师，消防宣传公益使者。

一字一句学安全，一举一动防火患。

—— 潘立华

薛宏权：陕西省工艺美术大师，非物质文化遗产（华县皮影雕刻技艺）传承人，消防宣传公益使者。

灯影里的故事会，生活中的平安曲。

—— 薛宏权

鹦哥岭青年团队：由 27 名大学生于 2007 年建立的海南省鹦哥岭自然保护区工作站，先后获得中国青年五四奖章集体、全国优秀自然保护区等荣誉称号，如今他们已成为消防宣传公益使者。

守护生态，严防火灾。

—— 海南鹦哥岭国家级自然保护区

穆合塔尔·如则麦麦提：新疆维吾尔自治区和田市命伯克功率馕店员工，消防宣传公益使者。

天亮靠阳光，心亮靠觉悟，消防安全靠防范。

سۆندۈر دۆزۈمنى

—— 穆合塔尔·如则麦麦提

魏学专：山东汇丰石化集团有限公司董事长，消防宣传公益使者。

火患一日不除，火灾十面埋伏。

—— 魏学专

魏德友（77岁）、刘景好（72岁）夫妇：两人皆为新疆生产建设兵团第九师161团二连退休职工。长期戍边护疆，先后获得全国时代楷模、全国文明家庭、感动中国人物等荣誉，消防宣传公益使者。

国土一寸不能丢，防火一刻不能松。

—— 魏德友 刘景好

濮存昕：国家一级演员，表演艺术家，消防宣传公益使者。

平安没有看客，每一天你我都是主角。

—— 濮存昕

封面题字：邓宝剑

特约编辑：张斗伟　张毅波

责任编辑：邓创业　田　军　鲁　骥

美术设计：胡欣欣　刘　丹　王　宁

责任校对：吕　飞

图书在版编目（CIP）数据

全民消防我代言 / 公安部消防局 编. – 北京：人民出版社，2017.11

ISBN 978-7-01-018446-3

Ⅰ.①全… Ⅱ.①公… Ⅲ.①消防 – 安全教育 – 图集 Ⅳ.①TU998.1-64

中国版本图书馆 CIP 数据核字(2017)第 256698 号

全民消防我代言

QUANMIN XIAOFANG WO DAIYAN

公安部消防局　编

人民出版社 出版发行

（ 100706　北京市东城区隆福寺街 99 号 ）

北京尚唐印刷包装有限公司印刷　新华书店经销

2017年11月第1版　2017年11月北京第1次印刷

开本：889毫米 × 1194毫米　1/12　印张：31.5

字数：530千字

ISBN 978-7-01-018446-3　定价：98.00元

邮购地址 100706　北京市东城区隆福寺街 99 号

人民东方图书销售中心　电话（010）65250042　65289539